AF450637

NOUVELLE MÉTHODE

POUR CALCULER LES

PERTURBATIONS DES PLANÈTES.

(*Extrait des Mémoires de l'Académie de Stanislas.*)

Nancy, imprimerie de veuve Raybois et comp.

NOUVELLE MÉTHODE

POUR CALCULER LES

PERTURBATIONS

DES PLANÈTES,

PAR J.-F. ENCKE,

Mémoire lu à l'Académie des Sciences de Berlin, le 27 novembre 1851.

TRADUIT ET ANNOTÉ

PAR MM. TERQUEM ET LAFON.

NANCY,

GRIMBLOT, VEUVE RAYBOIS ET COMP., IMPRIMEURS-LIBRAIRES,
Place Stanislas, 7, et rue Saint-Dizier, 125.

1858

NOUVELLE MÉTHODE

POUR CALCULER LES

PERTURBATIONS DES PLANÈTES.

Introduction.

La marche qu'on a suivie jusqu'ici, dans le calcul des perturbations des planètes, consiste à déduire les variations des six éléments elliptiques de celles des *constantes arbitraires*.

L'astronome Encke s'est proposé, dans un récent mémoire, d'intégrer directement les équations différentielles du mouvement, afin d'obtenir les coordonnées, sans calculer les variations des éléments. Il est arrivé ainsi à des résultats à très-peu près semblables à ceux que l'ancienne méthode lui avait fournis dans un temps deux fois plus long.

Un pareil résultat doit attirer l'attention des astronomes, surtout à une époque où le nombre des petites planètes découvertes augmente si rapidement.

Convaincu de l'importance de ce mémoire, M. O. Terquem a voulu lui donner plus de publicité, et il m'a proposé de me joindre à lui pour le traduire et l'annoter.

J'ai démontré, de la manière qui m'a paru la plus courte, les formules de quadrature qui sont la base du beau travail d'Encke. J'ai cru aussi devoir ajouter une démonstration des formules qu'il donne à la fin de son mémoire, pour avoir la valeur des éléments elliptiques au moyen des coordonnées et des composantes de la vitesse de la planète.

A. Lafon.

Quadratures.

1. La démonstration des formules relatives aux quadratures a été donnée par Encke. Mais elle m'a paru trop longue et j'ai cherché à arriver plus simplement au résultat.

Supposons qu'une fonction $f(x)$ puisse être représentée par un polynôme du 4e degré. On sait que, si l'on connaît quatre valeurs de $f(x)$ correspondant aux quatre valeurs a, $a+1$, $a+2$, $a+3$ de la variable, on aura avec une assez grande approximation, du moins pour les valeurs de x comprises entre a et $a+3$

$$(1)\quad f(x) = f(a+y) = f(a) + C_1^y \Delta f(a) + C_2^y \Delta^2 f(a)$$
$$+ C_3^y \Delta^3 f(a) + C_4^y \Delta^4 f(a)\ (1).$$

Nous allons donner à cette formule une forme plus commode pour le but que nous nous proposons.

Désignons la différence entre deux fonctions consécutives : $f(a)$ et $f(a+1)$, par exemple, par

$$f'\left(a + \frac{1}{2}\right),$$

c'est à-dire, ajoutons un accent à f et prenons pour argument une moyenne arithmétique entre les arguments.

Le tableau suivant renferme des différences formées d'après cette convention :

(1) C_q^n indique le nombre de combinaisons que l'on peut faire avec q objets en les prenant n à n.

Fonctions.	Différ. 1res.	Différ. 2es.	Différ. 3es.	Différ. 4es.
$f(a-2)$				
	$f'\left(a-\dfrac{3}{2}\right)$			
$f(a-1)$		$f''(a-1)$		
	$f'\left(a-\dfrac{1}{2}\right)$		$f'''\left(a-\dfrac{1}{2}\right)$	
$f(a)$		$f''(a)$		$f^{\text{iv}}(a)$
	$f'\left(a+\dfrac{1}{2}\right)$		$f'''\left(a+\dfrac{1}{2}\right)$	
$f(a+1)$		$f''(a+1)$		
	$f'\left(a+\dfrac{3}{2}\right)$		$f'''\left(a+\dfrac{3}{2}\right)$	
$f(a+2)$		$f''(a+2)$		

D'après ces notations, $f(x)$ prend la forme

$$(2) \quad f(a+y) = f(a) + C_1^y \, f'\left(a+\frac{1}{2}\right) + C_2^y \, f''(a+1)$$

$$+ \, C_3^y \, f'''\left(a+\frac{3}{2}\right) + C_4^y \, f^{\text{iv}}(a).$$

Remarquons que l'on a

$$f''(a+1) = f''(a) + f'''\left(a+\frac{1}{2}\right)$$

$$f'''\left(a+\frac{3}{2}\right) = f'''\left(a+\frac{1}{2}\right) + f^{\text{iv}}(a)$$

$$f^{\text{iv}}(a) = f^{\text{iv}}(a).$$

Si l'on multiplie la première de ces égalités par C_2^y, la deuxième, par C_3^y, la troisième, par C_4^y et qu'on ajoute les résultats, on trouve :

$$C_2^y \, f''(a+1) + C_3^y \, f''\left(a+\frac{3}{2}\right) + C_4^y \, f^{\text{iv}}(a) = C_2^y \, f''(a)$$

$$+ (C_2^y + C_3^y) \, f'''\left(a+\frac{1}{2}\right) + (C_3^y + C_4^y) \, f^{\text{iv}}(a);$$

mais on a

$$C_2^y + C_3^y = C_3^{y+1}, \quad C_3^y + C_4^y = C_4^{y+1}.$$

En ayant égard à ces relations, la valeur de $f(x)$ devient

$$f(x) = f(a) + C_1^y \, f'\left(a+\frac{1}{2}\right) + C_2^y \, f''(a) + C_3^{y+1}$$

$$f'''\left(a+\frac{1}{2}\right) + C_4^{y+1} \, f^{\text{iv}}(a) = f(a)$$

$$+ y\left\{ f'\left(a+\frac{1}{2}\right) - \frac{f''(a)}{2} - \frac{f''\left(a+\frac{1}{2}\right)}{6} + \frac{f^{\text{iv}}(a)}{12} \right\}$$

$$+ y^2 \left\{ \frac{f''(a)}{2} - \frac{f^{\text{iv}}(a)}{24} \right\} + y^3 \left\{ \frac{f'''\left(a+\frac{1}{2}\right)}{6} - \frac{f^{\text{iv}}(a)}{12} \right\}$$

$$+ y^4 \, \frac{f^{\text{iv}}(a)}{24}.$$

II. — Proposons-nous maintenant de trouver

$$\iint f(x) \, dx$$

entre les limites

$$a + \frac{1}{2} \quad \text{et} \quad a + i + \frac{1}{2}.$$

Pour cela, cherchons d'abord l'intégrale indéfinie

$$\int_{a+\frac{1}{2}}^{x} f(x)\,dx.$$

Désignons cette intégrale indéfinie par $\varphi\left(a+y\right)$ et posons $y = b + z$, b étant le plus grand nombre entier contenu dans y. Il en résulte l'égalité

$$(3)\quad \int_{a+\frac{1}{2}}^{x} f(x)\,dx = \varphi\left(a+b+\frac{1}{2}\right) - \varphi\left(a+\frac{1}{2}\right)$$
$$- \varphi\left(a+b+\frac{1}{2}\right) + \varphi\left(a+b+z\right).$$

Remarquons que l'intégrale définie

$$\varphi\left(a+b+\frac{1}{2}\right) - \varphi\left(a+\frac{1}{2}\right)$$

peut être remplacée par la somme des n suivantes :

$$\varphi\left(a+1+\frac{1}{2}\right) - \varphi\left(a+1-\frac{1}{2}\right)$$
$$\varphi\left(a+2+\frac{1}{2}\right) - \varphi\left(a+2-\frac{1}{2}\right)$$
$$\cdots\cdots\cdots\cdots\cdots\cdots\cdots$$
$$\cdots\cdots\cdots\cdots\cdots\cdots\cdots$$
$$\varphi\left(a+b+\frac{1}{2}\right) - \varphi\left(a+b-\frac{1}{2}\right).$$

Chacune de ces intégrales définies se déduit, comme on voit, de l'intégrale qui précède en changeant, dans celle-ci, a en $a+1$.

Or, on a

$$(4)\qquad \varphi(a+y) = y\,f(a)$$
$$+ y\left\{\frac{f'\left(a+\frac{1}{2}\right)}{2} - \frac{f''(a)}{4} - \frac{f''\left(a+\frac{1}{2}\right)}{12} + \frac{f'''(a)}{24}\right\}$$

$$+ y^3 \left\{ \frac{f'''(a)}{6} - \frac{f^{\text{iv}}(a)}{72} \right\} + y^4 \left\{ \frac{f'''\left(a + \frac{1}{2}\right)}{24} - \frac{f^{\text{iv}}(a)}{48} \right\}$$

$$+ y^5 \frac{f^{\text{iv}}(a)}{120},$$

d'où l'on tire

$$\varphi\left(a + 1 + \frac{1}{2}\right) - \varphi\left(a + 1 - \frac{1}{2}\right) = f(a + 1)$$

$$+ \frac{1}{24} f''(a + 1) - \frac{17}{5760} f^{\text{iv}}(a + 1).$$

Pour avoir l'intégrale définie

$$\varphi\left(a + b + \frac{1}{2}\right) - \varphi\left(a + \frac{1}{2}\right),$$

on aura donc à ajouter les quantités suivantes :

$$f(a + 1) + \frac{1}{24} f''(a + 1) - \frac{17}{5760} f^{\text{iv}}(a + 1);$$

$$f(a + 2) + \frac{1}{24} f''(a + 2) - \frac{17}{5760} f^{\text{iv}}(a + 2);$$

. . . .

. . . .

$$f(a + b) + \frac{1}{24} f''(a + b) - \frac{17}{5760} f^{\text{iv}}(a + b).$$

On aura ainsi

$$\varphi\left(a + b + \frac{1}{2}\right) - \varphi\left(a + \frac{1}{2}\right) = f(a + 1)$$

$$+ f(a + 2) + \ldots + f(a + b) + \frac{1}{24} \left\{ f''(a + 1) \right.$$

$$\left. + f''(a + 2) + \ldots + f''(a + b) \right\}$$

$$- \frac{17}{5760} \left\{ f^{\text{iv}}(a + 1) + f^{\text{iv}}(a + 2) + \ldots + f^{\text{iv}}(a + b) \right\}.$$

Posons

$$f(a + 1) = {'f}\left(a + \frac{3}{2}\right) - {'f}\left(a + \frac{1}{2}\right),$$

$$f(a + 2) = {'f}\left(a + \frac{5}{2}\right) - {'f}\left(a + \frac{3}{2}\right).$$

$$f(a + b) = {'f}\left(a + b + \frac{1}{2}\right) - {'f}\left(a + b - \frac{1}{2}\right);$$

il en résultera

$$f(a + 1) + f(a + 2) + \ldots + f(a + b)$$
$$= {'f}\left(a + b + \frac{1}{2}\right) - {'f}\left(a + \frac{1}{2}\right).$$

On aurait de même

$$f''(a + 1) + f''(a + 2) + \ldots + f''(a + b)$$
$$= f'\left(a + b + \frac{1}{2}\right) - f'\left(a + \frac{1}{2}\right)$$

$$f^{IV}(a + 1) + f^{IV}(a + 2) + \ldots + f^{IV}(a + b)$$
$$= f'''\left(a + b + \frac{1}{2}\right) - f'''\left(a + \frac{1}{2}\right).$$

On aura donc enfin

$$(5) \quad \varphi\left(a + b + \frac{1}{2}\right) - \varphi\left(a + \frac{1}{2}\right) = {'f}\left(a + b + \frac{1}{2}\right)$$
$$- {'f}\left(a + \frac{1}{2}\right) + \frac{1}{24}\left\{f'\left(a + b + \frac{1}{2}\right) - f'\left(a + \frac{1}{2}\right)\right\}$$
$$- \frac{17}{5760}\left\{f'''\left(a + b + \frac{1}{2}\right) - f'''\left(a + \frac{1}{2}\right)\right\}.$$

La quantité

$$'f\left(a + \frac{1}{2}\right)$$

étant entièrement arbitraire, nous pouvons la choisir de manière que l'on ait

$$(6) \quad {}'f\left(a+\frac{1}{2}\right)+\frac{1}{24}\,f'\left(a+\frac{1}{2}\right)-\frac{17}{5760}f'''\left(a+\frac{1}{2}\right)=0.$$

De cette manière, l'équation (6) se trouve simplifiée et l'équation (5) devient

$$(7) \quad \int_{a+\frac{1}{2}}^{2a+b+z} f(a+b+z)\,dz = {}'f\left(a+b+\frac{1}{2}\right)+\frac{1}{24}\,f'\left(a+b+\frac{1}{2}\right)-\frac{17}{5760}f'''\left(a+\frac{1}{2}\right).$$

III. — Il nous sera maintenant facile d'avoir l'intégrale double, entre les limites données. De l'équation (7), on tire

$$(8) \quad \int_{-\frac{1}{2}}^{+\frac{1}{2}} dz \int_{a+\frac{1}{2}}^{2a+b+z} f(a+b+z)\,dz$$
$$= {}'f\left(a+b+\frac{1}{2}\right)$$
$$+\frac{1}{24}\,f'\left(a+b+\frac{1}{2}\right)-\frac{17}{5760}f'''\left(a+b+\frac{1}{2}\right)$$
$$-\varphi\left(a+b+\frac{1}{2}\right)+\int_{-\frac{1}{2}}^{+\frac{1}{2}}\varphi(a+b+z)\,dz.$$

Exprimons les deux derniers termes de cette égalité au moyen des données, et effectuons les réductions. Pour arriver rapidement au résultat, il est facile de voir qu'il suffit de multiplier, dans la fonction $-\varphi(a+b+z)$, le terme en z^2 par $\frac{2}{3}$ et le terme en z^4 par $\frac{4}{5}$, puis de faire $z=\frac{1}{2}$ dans la fonction $-\varphi(a+b+z)$ ainsi modifiée. Si l'on groupe ensuite les termes semblables, on trouvera

$$-\varphi\left(a+b+\frac{1}{2}\right)+\int_{-\frac{1}{2}}^{+\frac{1}{2}}\varphi(a+b+z)\,dz$$

$$= -\frac{f(a+b)}{2} - \frac{f'\left(a+b+\frac{1}{2}\right)}{12} + \frac{f''(a+b)}{48}$$

$$+ \frac{17\cdot f'''\left(a+b+\frac{1}{2}\right)}{1440} - \frac{17\cdot 3}{11520}f^{v}(a+b).$$

Pour avoir l'intégrale cherchée, il ne reste plus qu'à donner à b les valeurs 1. 2 .... i, dans l'équation (8) et à faire la somme des résultats ainsi obtenus. On aura ainsi

$$\int_{+\frac{1}{2}}^{+i+\frac{1}{2}}\int_{+\frac{1}{2}}^{b+2}f(a+y)\,dy = {}''f(a+i+i)$$

$$- {}''f(a+1)$$

$$+ \left(\frac{1}{24} - \frac{1}{24}\right)\left\{f(a+i+1) - f(a+1)\right\}$$

$$+ \left(\frac{17}{1440} - \frac{17}{5760}\right)\left\{f''(a+i+1) - f''(a+1)\right\}$$

$$- \frac{1}{2}\left\{f\left(a+i+\frac{1}{2}\right) - f(a+1)\right\}$$

$$+\frac{1}{48}\left\{f'\left(a+i+\frac{1}{2}\right)-f'\left(a+\frac{1}{2}\right)\right\}$$

$$-\frac{17\cdot 3}{11520}\left\{f'''\left(a+i+\frac{1}{2}\right)-f'''\left(a+\frac{1}{2}\right)\right\}.$$

Si l'on élimine les expressions qui ont un nombre impair d'accents, l'intégrale précédente pourra s'écrire

$$\int_0^{i+\frac{1}{2}}{}_{+\frac{1}{2}}\int_0^{z} f(a+h+z)\,dz^2$$

$$=\left\{\begin{array}{l} \frac{1}{2}\left\{''f(a+i+1)+''f(a+i)\right\} \\ -\frac{1}{48}\left\{f(a+i+1)+f(a+i)\right\} \\ +\frac{17}{3840}\left\{f''(a+i+1)+f''(a+i)\right\} \\ -\frac{1}{2}\left\{''f(a+1)+''f(a)\right\} \\ +\frac{1}{48}\left\{f(a+1)+f(a)\right\} \\ -\frac{17}{3840}\left\{f''(a+1)+f''(a)\right\} \end{array}\right\}_{z=a}.$$

Nous allons disposer de la quantité arbitraire $''f(a)$ de manière que l'on ait

$$(9)\qquad -\frac{1}{2}\left\{''f(a+i+1)+''f(a+i)\right\}$$

$$-\frac{1}{48}\left\{f(a+i+1)+f(a+i)\right\}$$

$$+ \frac{17}{3840} \left\{ f''(a + i + 1) + f''(a + i) \right\} = 0.$$

Or, nous avons posé, dans l'intégrale première,

$$- \frac{1}{2} 'f \left(a + \frac{1}{2} \right) - \frac{1}{48} f' \left(a + \frac{1}{2} \right)$$

$$+ \frac{17}{5760 \times 2} f''' \left(a + \frac{1}{2} \right) = 0,$$

ou, ce qui revient au même,

$$+ \frac{1}{2} \left\{ 'f(a + 1) - 'f(a) \right\} + \frac{1}{48} \left\{ f(a + 1) - f(a) \right\}$$

$$- \frac{17}{5760 \times 2} \left\{ f''(a + 1) - f''(a) \right\} = 0.$$

Cette dernière équation, combinée avec l'équation (9), conduit à l'équation

$$- 'f(a) + \frac{1}{24} f(a + 1)$$

$$- \frac{17}{5760 \times 2} \left\{ 4 f''(a + 1) + 2 f''(a) \right\} = 0.$$

Nous tirerons de là la valeur de $'f(a)$.

On aura donc enfin pour résultat final

$$\int_{\;\;\;+ i}^{i + 1} \int f(a + y) \, dy^2$$

$$= \frac{1}{2} \left\{ 'f(a + i + 1) + 'f(a + i) \right\}$$

$$- \frac{1}{48} \left\{ f(a + i + 1) + f(a + i) \right\}$$

$$+ \frac{17}{3840}\left\{ f''\left(a + i + 1\right) + f'\left(a + i\right) \right\} = o \ (1).$$

IV. — Cherchons maintenant la même intégrale double pour les limites

$$a + \frac{1}{2}, \text{ et } a + i,$$

l'intégrale première indéfinie est

$$\int_{a+\frac{1}{2}}^{a+b+z} f(x)\,dx = \varphi\left(a + b - \frac{1}{2}\right) - \varphi\left(a + \frac{1}{2}\right)$$

$$- \varphi\left(a + b - \frac{1}{2}\right) + \varphi(a + b + z) = f\left(a + b - \frac{1}{2}\right)$$

$$+ \frac{1}{24} f'\left(a + b - \frac{1}{2}\right) - \frac{17}{5760} f'''\left(a + b - \frac{1}{2}\right)$$

$$- \varphi\left(a + b - \frac{1}{2}\right) + \varphi(a + b + z).$$

Multiplions cette intégrale par dz et intégrons entre les limites

$$z = - \frac{1}{2} \text{ et } z = o;$$

de cette manière, si l'on suppose $b = i$, nous aurons la valeur de l'intégrale double entre les limites

$$a + i - \frac{1}{2} \text{ et } a + i.$$

(1) Si l'on posait $y = n\,\omega$, il en résulterait

$$\iint f(a + y)\,dy = \omega^2 \iint (a + n\,\omega)\,dn^2.$$

Il suffirait donc, pour avoir l'intégrale sous cette dernière forme, de multiplier l'intégrale trouvée par ω^2 après avoir remplacé i et $i + 1$ par $n\,\omega$, $(n + 1)\,\omega$.

Si l'on ajoute cette quantité à la valeur de l'intégrale double pour les limites

$$a + \frac{1}{2} \text{ et } a + i - \frac{1}{2},$$

nous aurons l'expression cherchée.

On a

$$\int_{a+i-\frac{1}{2}}^{a+i} dx \int f(x)\,dx = \frac{f\left(a+i-\frac{1}{2}\right)}{2}$$

$$+ \frac{f'\left(a+i-\frac{1}{2}\right)}{48} - \frac{17}{5760 \cdot 2} f''\left(a+i-\frac{1}{2}\right)$$

$$- \frac{\varphi\left(a+i-\frac{1}{2}\right)}{2} + \int_{-\frac{1}{2}}^{0} \varphi(a+i+z)\,dz.$$

On trouve

$$\frac{-\varphi\left(a+i-\frac{1}{2}\right)}{2} - \int_{-\frac{1}{2}}^{0} \varphi(a+i+z)\,dz$$

$$= \frac{1}{8} f(a+i) - \frac{1}{24} f'\left(a+i+\frac{1}{2}\right) + \frac{11}{384} f''(a+i)$$

$$+ \frac{17 \times 2}{5760} f'''\left(a+i+\frac{1}{2}\right) - \frac{161}{5760 \times 8} f^{\mathrm{iv}}(a+i).$$

Nous savons que l'on a

$$\int_{a+\frac{1}{2}}^{a+i-\frac{1}{2}} dx \int f(x)\,dx = {}'' f(a+i)$$

$$- \frac{1}{2} f'\left(a + i - \frac{1}{2}\right) - \frac{1}{24} f'(a + i) + \frac{1}{48} f'\left(a + i - \frac{1}{2}\right)$$

$$+ \frac{17 \times 2}{3840} f'(a + i) - \frac{17}{3840} f'''\left(a + i - \frac{1}{2}\right).$$

Avec ces données, on arrivera, après des réductions très-faciles, à la formule

$$\int_{a+i}^{a+i-\frac{1}{2}} dx \int f(x)\, dx + \int_{a+i-\frac{1}{2}}^{a+i} dx \int f(x)\, dx$$

$$- \int_{a+i}^{a+i} dx \int f(x)\, dx = {}''f(a+i)$$

$$+ \frac{1}{12} f'(a+i) - \frac{1}{240} f'''(a+i) - \frac{37}{15360} f^{IV}(a+i).$$

Note A.

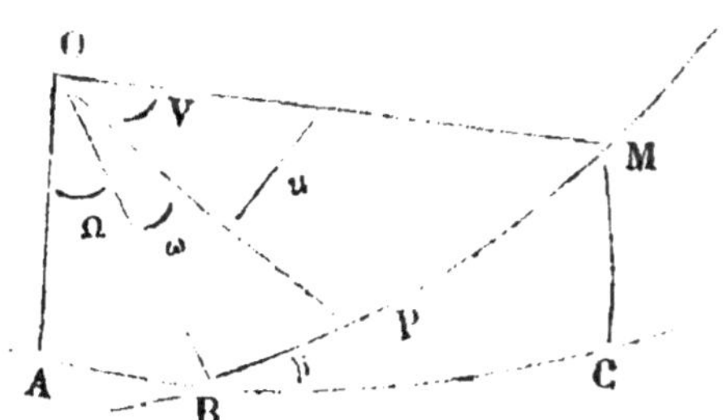

O   Soleil,

M   Planète,

OP Ligne dirigée vers le périhélie,

OB Ligne du nœud,

OA Ligne de l'équinoxe,

$\Pi = \omega + \Omega =$ longitude du périhélie.

$V = u - \omega =$ anomalie moyenne.

Si l'on prend pour axe des x la ligne OB, pour axe des y une perpendiculaire à cette ligne dans le plan de l'eccliptique et pour axe des z une perpendiculaire au plan des xy, on aura, pour les coordonnées du point M, les valeurs suivantes :

$$z' = r . \sin . u . \sin . i, \qquad y' = r . \sin . u . \cos . i.$$
$$x' = r . \cos . u,$$

Prenons pour axe des x la ligne OA au lieu de OB, et pour axe des y une perpendiculaire à OA, l'axe des z restant le même, si l'on appelle x, y, z les nouvelles coordonnées, on aura

$$x = x' . \cos . \Omega - y' . \sin . \Omega = r (\cos . u . \cos . \Omega$$
$$- \sin . u . \sin . \Omega . \cos . i)$$
$$y = x' . \sin . \Omega + y' . \cos . \Omega = r (\cos . u . \sin . \Omega$$
$$+ \sin . u . \cos . \Omega . \cos . i)$$
$$z = r . \sin . u . \sin . i.$$

Posons :

$$\cos . \Omega = \sin . \alpha . \sin . A . \qquad \sin . \Omega = \sin . \beta . \sin . B$$
$$- \cos . i . \sin . \Omega = \sin . \alpha . \cos . A . \quad \cos . i . \cos . \Omega = \sin . \beta . \cos . B$$

il viendra :

$$x = r . \sin . \alpha . \sin . (A + u)$$
$$y = r . \sin . \beta . \sin . (B + u)$$
$$z = r . \sin . i . \sin . u.$$

Pour l'analogie de ces formules, remplaçons u par sa valeur $\omega + V$ et posons $A + \omega = A'$, $B + \omega = B'$, $\sin. i = \sin. \gamma$, $C' = \omega$.

On aura :

$$x = r. \sin. \alpha. \sin. (A' + V)$$
$$y = r. \sin. \beta. \sin. (B' + V)$$
$$z = r. \sin. \gamma. \sin. (C' + V).$$

Cherchons des formules commodes pour les dérivés des coordonnées par rapport au temps.

$$\frac{dx}{dt} = \sin. \alpha \left\{ \sin. (A + u) \frac{dr}{dt} + r \cos. (A + u) \frac{du}{dt} \right\}$$

$$r = \frac{p}{1 + e \cos. (u - \omega)} \qquad \frac{dr}{dt} = \frac{e \sin (u - \omega)}{p} r^2 \frac{du}{dt},$$

$$r \frac{du}{dt} = \frac{1 + e \cos. (u - \omega)}{p} r^2 \frac{du}{dt}$$

en substituant on a :

$$\frac{dx}{dt} = \sin. \alpha \left\{ \cos. (A + u) + e \cos. (A + \omega) \right\} \frac{r^2}{p} \frac{du}{dt}$$

remarquons que l'on a $r^2 \frac{du}{dt} = k \sqrt{p}$ et posons :

$$\cos. u + e \cos. \omega = \frac{C \sqrt{p}}{k} \cos. U$$

$$\sin. u + e \sin. \omega = \frac{C \sqrt{p}}{k} \sin. U$$

il en résultera

$$\frac{dx}{dt} = C. \sin. \alpha \cos. (A + U)$$

on aurait de même

$$\frac{dy}{dt} = C. \sin. \beta. \cos. (B + U), \qquad \frac{dz}{dt} = C. \sin. \gamma. \cos. U.$$

Nouvelle méthode pour calculer les perturbations des planètes.

Le nombre des petites planètes allant toujours en croissant, il est absolument nécessaire d'avoir une méthode rigoureuse et commode pour calculer les perturbations. Dans le mémoire suivant je donne une telle méthode; elle est complète et d'un emploi commode pour des perturbations *spéciales* (1). J'en ai fait l'essai par des applications numériques. Elle présente en outre l'avantage de n'avoir besoin d'aucun développement analytique, de prendre pour point de départ des formules simples, fondamentales, sans avoir recours à aucune autre, et d'en faire un emploi immédiat. Il est facile de voir que cette méthode pourra fournir, pour les perturbations générales, des formules satisfaisantes et plus commodes que celles qui sont maintenant en usage.

Toutefois, n'ayant pas encore appliqué les nouvelles méthodes aux perturbations générales, je me contenterai de donner, à la fin de ce mémoire, quelques indications à ce sujet. Je n'ai pas cru néanmoins devoir différer la publication de cette méthode, parce qu'il est à désirer que d'autres s'occupent du même objet sous ce même point de vue, surtout aujourd'hui où la nécessité d'abréger le travail est devenue si pressante.

(1) Pour les petites planètes. Tr

La méthode étant indépendante de la nature de l'orbite et portant seulement sur les formules fondamentales de la mécanique, tout géomètre familiarisé en quelque sorte avec la question peut faire immédiatement des applications.

Le mode usité du calcul des perturbations consiste à faire varier les éléments de l'orbite, ce qui présente un double désavantage, d'abord les quantités qui servent à calculer les forces ne sont données qu'indirectement, et ensuite, les perturbations paraissent considérablement augmentées, car il est dans la nature de la chose que de petits changements dans le lieu et dans la vitesse (grandeur et direction), produisent dans le nouveau système d'éléments qu'on a déduits, des changements d'un ordre supérieur.

Pour éviter ces deux inconvénients, considérons deux corps partant du même point avec des vitesses égales en grandeur et en direction, et supposons que l'un des corps n'étant pas troublé décrive une orbite elliptique, tandis que l'autre est soumis à des forces perturbatrices.

Représentons par x^0, y^0, z^0, les coordonnées de la planète à orbite elliptique, pour le temps t, et par x, y, z, les coordonnées de la planète troublée pour le même temps t.

On sait que les mouvements elliptiques des planètes dépendent de l'intégration de ces équations différentielles.

$$1) \quad \frac{d^2 x^0}{dt^2} + \frac{k^2 x^0}{r^{0\,3}} = 0 \qquad \frac{d^2 y^0}{dt^2} + \frac{k^2 y^0}{r^{0\,3}} = 0$$

$$\frac{d^2 z^0}{dt^2} + \frac{k^2 z^0}{r^{0\,3}} = 0$$

dans lesquelles k^2 est la somme des masses du corps central et du corps attiré.

r^0 est le rayon vecteur relatif au mouvement elliptique ; généralement, l'indice o se rapporte à ce mouvement.

Nous ne consignons pas ici les intégrales connues de ces équations qui amènent pour constantes les six éléments a^0, e^0, Ω^0, i^0, Π^0, M^0.

Le mouvement de la planète troublée dépend de ces trois équations différentielles,

$$2) \quad \begin{cases} \dfrac{d^2 x}{dt^2} + \dfrac{k^2 x}{r^3} = P \cos. QX \\[2ex] \dfrac{d^2 y}{dt^2} + \dfrac{k^2 y}{r^3} = P \cos. QY \\[2ex] \dfrac{d^2 z}{dt^2} + \dfrac{k^2 z}{r^3} = P \cos. QZ \end{cases}$$

où les seconds membres désignent les composantes des forces perturbatrices suivant les trois axes.

On sait qu'on peut satisfaire aux équations 2) par des coordonnées qui sont des fonctions des six éléments a, e, Ω, i, Π, M, ayant même forme que dans le mouvement elliptique, si ce n'est que les éléments sont ici considérés comme variables et soumis aux relations

$$a = a^0 + \int_0^t \frac{da}{dt} \, dt \qquad e = e^0 + \int_0^t \frac{de}{dt} \, dt \quad \ldots$$

$$M = M^0 + \int_0^t \frac{dN}{dt} \, dt$$

où $\dfrac{da}{dt}, \dfrac{de}{dt} \ldots$ désignent des coefficients différentiels des éléments dépendant des forces perturbatrices, mais dont nous ne ferons ici aucun usage.

Le développement analytique du système 2), quand il s'agit de petites planètes, mène à des difficultés insurmontables quand on veut obtenir de la rigueur. On ne peut non plus obtenir, du moins immédiatement, une intégration *mécanique*.

Il n'y a aucun obstacle à l'intégration *mécanique* d'une manière immédiate, lorsque l'on considère les équations des différences des deux systèmes.

Ces équations sont, en posant $x - x^0 = \xi$, $y - y^0 = \eta$, $z - z^0 = \zeta$,

$$\frac{d^2\xi}{dt^2} = P \cos. QX - \left(\frac{x}{r^3} - \frac{x^0}{r^{0\,3}} \right) k^2$$

$$\frac{d^2 y}{dt^2} = P \cos. QY - \left(\frac{y}{r^3} - \frac{y^0}{r^{0\,3}} \right) k^2$$

$$\frac{d^2\zeta}{dt^2} = P \cos. QZ - \left(\frac{z}{r^3} - \frac{z^0}{r^{0\,3}} \right) k^2$$

Supposons pour le moment que la perturbation soit produite par une seule planète dont la masse soit $m'k^2$, x', y', z' les coordonnées, ρ' sa distance au centre d'at traction et ρ la distance de la planète troublante à la planète troublée (1). On aura :

$$(A) \begin{cases} \text{P cos. } QX = m^1 k^2 \left(\dfrac{x' - x}{\rho^3} - \dfrac{x'}{r^3} \right) \\[2mm] \text{P cos. } QY = m^1 k^2 \left(\dfrac{y' - y}{\rho^3} - \dfrac{y'}{r'^3} \right) \\[2mm] \text{P cos. } QZ = m^1 k^2 \left(\dfrac{z' - z}{\rho^3} - \dfrac{z'}{r'^3} \right) \end{cases}$$

Comme les quantités ξ, μ, ζ sont ordinairement très petites, on peut écrire (2) :

$$\delta r = \frac{x^0}{r^0} \xi + \frac{y^0}{r^0} \eta + \frac{z^0}{r^0} \zeta$$

$$(3) \quad \frac{c}{r^3} - \frac{x^0}{r^{0\,3}} = \left(3 \frac{x^0}{r^0} \delta r - \xi \right) \frac{1}{r^{0\,3}}$$

(1) Soit S, le soleil centre commun d'attraction ;

M^0, le lieu de la planète fictive dans son orbite elliptique ;

M, le lieu de la planète troublée,

M', le lieu de la planète troublante, le tout au même temps t, alors

x^0, y^0, z^0 sont les coordonnées de M^0

x, y, z, — — M

x', y', z' — — M'

$SM^0 = r^0$

$SM = r$

$SM' = r'$

$M'M = \rho$

(2) On a, en effet, $x^2 + y^2 + z^2 = (x^0 + \xi)^2 + (y^0 + \eta)^2 + (z^0 + \zeta)^2$ d'où $r - r^0 = \delta r = \dfrac{2\,x^0}{r + r^0} \xi + \dfrac{2\,y^0}{r + r^0} \eta + \dfrac{2\,z^0}{r + r^0}$, $+ \dfrac{\xi^2 + \eta^2 + \zeta^2}{r + r^0}$. si ξ, η, ζ sont petits, on peut négliger leur carré et prendre $\dfrac{x^0}{y^0}$ pour $\dfrac{2\,x^0}{r + r^0}$, on aura ainsi $\delta r = \dfrac{x^0}{r^0} \xi + \dfrac{y^0}{r^0} \eta + \dfrac{z^0}{r^0} \zeta$.

$$\frac{y}{r^3} - \frac{y^0}{r^{03}} = \left(3 \frac{y^0}{r^0} \, \delta r - \eta \right) \frac{1}{r^{03}}$$

$$\frac{z}{r^3} - \frac{z^0}{r^{03}} = \left(3 \frac{z^0}{r^0} \, \delta r - \zeta \right) \frac{1}{r^{03}}$$

de manière que l'on obtient :

$$4) \quad \begin{cases} \dfrac{d^2 \xi}{dt^2} = m' k^2 \left(\dfrac{x' - x}{\rho^3} - \dfrac{x'}{r'^3} \right) + \dfrac{k^2}{r^{03}} \left(3 \dfrac{x^0}{r^0} \delta r - \xi \right) \\[3mm] \dfrac{d^2 \eta}{dt^2} = m' k^2 \left(\dfrac{y' - y}{\rho^3} - \dfrac{y'}{r'^3} \right) + \dfrac{k^2}{r^{03}} \left(3 \dfrac{y^0}{r^0} \delta r - \eta \right) \\[3mm] \dfrac{d^2 z}{dt^2} = m' k^2 \left(\dfrac{z' - z}{\rho^3} - \dfrac{z'}{r'^3} \right) + \dfrac{k^2}{r^{03}} \left(3 \dfrac{z^0}{r^0} \delta r - \zeta \right) \end{cases}$$

De sorte que les équations (3) et (4) contiennent la solution du problème, où il s'agit de trouver les coordonnées troublées, car les coordonnées elliptiques x^0, y^0, z^0 sont données.

Pour exécuter l'intégration mécanique il suffit d'avoir recours aux formules que nous avons données précédemment pour les intégrations doubles. En prenant pour argument a, $a + \omega$, $a + 2\omega$, etc., le tableau des différences est (1) :

<hr>

(1) Voir le mémoire des quadratures.

Si l'on pose $\dfrac{d^2 \xi}{dt^2} = f(x)$, il en résultera $\xi = \displaystyle\iint f(x) \, dt^2$.

Comme x et t ne diffèrent que par une constante, on peut remplacer dt par dr

a	$f(a)$		$f''(a)$	
		$f'\left(a+\dfrac{1}{2}\omega\right)$		$f'''\left(a+\dfrac{1}{2}\omega\right)$
$a+\omega$	$f(a+\omega)$		$f''(a+\omega)$	
		$f'\left(a+\dfrac{3}{2}\omega\right)$		$f'''\left(a+\dfrac{3}{2}\omega\right)$
$a+2\omega$	$f(a+2\omega)$		$f''(a+2\omega)$	

Avec la série $f(a)$, $f(a+\omega)$ $f(a+2\omega)$, on forme une nouvelle série qui sera représentée par $'f$ et la somme de la somme par $''f$, ce qui donne le tableau

a	$f(a)$		$''f(a)$
		$'f\left(a+\dfrac{1}{2}\omega\right)$	
$a+\omega$	$f(a+\omega)$		$''f(a+\omega)$
		$'f\left(a+\dfrac{3}{2}\omega\right)$	
$a+2\omega$	$f(a+2\omega)$		$''f(a+2\omega)$

Supposons maintenant qu'il s'agisse de trouver $\int f(x)\,dx$ depuis $x = a + \frac{1}{2}\omega$ jusqu'à $x = a + (i + \frac{1}{2})\omega$ et de même $\int\int 'f(x)\,dx$ entre les mêmes limites. Je prends la constante telle que pour $x = a + \frac{1}{2}\omega$ on ait

$$'f\left(a + \frac{1}{2}\omega\right) = -\frac{1}{24}f\left(a + \frac{1}{2}\omega\right) + \frac{17}{5760}f''\left(a + \frac{1}{2}\omega\right) = C.$$

de même, pour la même limite, nous prendrons

$$C_2 = {}''f(a) = + \frac{1}{24} f(a+\omega) - \frac{17}{5760} \left\{ 2 f''(a+\omega) + f''(a) \right\}$$

Avec ces valeurs intiales ont obtient :

$$\int_{a+\frac{1}{2}\omega}^{a+(i+\frac{1}{2})\omega} f(x)\,dx = \omega \left\{ {}'f\left(a+i+\frac{1}{2}\right)\omega + \frac{1}{24} f'\left(a+\left(i+\frac{1}{2}\right)\omega\right) - \frac{17}{5760} f'''\left(a+\left(i+\frac{1}{2}\right)\omega\right) \right\}$$

$$\iint_{a+\frac{1}{2}\omega}^{a+(i+\frac{1}{2})\omega} f(x)\,dx^2 = \omega^2 \left\{ \frac{1}{2}\left[{}''f(a+i\omega) + {}''f(a+\overline{i+1}.\omega)\right] - \frac{1}{48}\left[f(a+i\omega) + f(a+\overline{i+1}.\omega)\right] + \frac{17}{3840}\left[f''(a+i\omega) + f''(a+\overline{i+1}.\omega)\right] \right\}$$

et

$$\int_{a+\frac{1}{2}\omega}^{a+i\omega} f(x)\,dx = \omega \left\{ \frac{1}{2}\left[{}'f(a+\overline{i+\tfrac{1}{2}}.\omega) + {}'f(a+\overline{i-\tfrac{1}{2}}.\omega)\right] - \frac{1}{24}\left[f'(a+\overline{i+\tfrac{1}{2}}.\omega) + f'(a+\overline{i+\tfrac{1}{2}}.\omega)\right] + \frac{11}{1440}\left[f'''(a+\overline{i+\tfrac{1}{2}}.\omega) + f'''(a+\overline{i-\tfrac{1}{2}}.\omega)\right] \right\}$$

$$\int_{a + \frac{1}{2}\omega}^{a + i\omega} \int f(x)\, dx^2 = \omega^2 \left\{ {}''f(a + i\omega) + \frac{1}{12} f(a + i\omega) - \frac{1}{240} f''(a + i\omega) \right\}$$

Ainsi quand on prend pour ω une quantité très-petite, les corrections deviennent très-petites, surtout étant multipliées par les fractions $\frac{1}{24}$, $\frac{1}{12}$, etc., et on a d'une manière très-approchée

$$\xi = \int_{a + \frac{1}{2}\omega}^{a + i\omega} \int f(x)\, dx^2 = \omega^2\, {}''f(a + i\omega).$$

Nous devons remarquer que pour la formation de ${}''f(a + i\omega)$ on n'emploie que les valeurs numériques depuis $f(a)$ jusqu'à $f(a + \overline{i - 1}.\,\omega)$, car on a

$${}'f(a + \overline{i - \frac{1}{2}}\,\omega) = {}'f(a + \overline{i - \frac{3}{2}}.\,\omega + f(a + \overline{i - 1.\omega})$$

$${}''f(a + i\omega) = {}''f(a + \overline{i - 1}.\omega) + {}'f(a + \overline{i - \frac{1}{2}}.\omega)$$

Par conséquent, supposons que l'on ait trouvé les valeurs de la double intégration $\int\int f(x)\, dx^2$ (c'est-à-dire, de ξ), pour les temps t, $t + \tau$, $t + 2\tau$, ...$t + (i - 1)\,\tau$, l'équation ci-dessus donnera les valeurs de ξ correspondante au temps $t + i\tau$ (1). Alors on mettra cette valeur de ξ dans la valeur générale de $\dfrac{d^2 \xi}{dt^2}$, ce qui donnera une valeur très-approchée de $\dfrac{d^2 \xi}{dt^2}$ pour le temps $t + i\tau$, par conséquent $''f(a + i\omega)$ pour le temps $t + (i + 1)\tau$ et par suite ξ pour le même temps. On continuera de la même manière.

Dans le calcul des coefficients différentiels $\dfrac{d^2 \xi}{dt^2}$, on a égard aux diverses puissances des masses dans l'évaluation des perturbations avec une rigueur telle qu'elle n'a presque jamais eu lieu.

En supposant que les valeurs de $\dfrac{d^2 \xi}{dt^2}$ ne varient pas trop, on approcherait encore plus de la vérité si l'on prenait

$$\int\!\!\int_{a + \frac{1}{2}}^{a + i\omega} f(x)\, dx^2 = \omega^2 \left\{ ''f(a + i\omega) + \frac{1}{12} f(a + \overline{i - 1}.\omega) \right\}$$

En général on prendra une valeur approchée de f, d'après la marche de cette fonction.

Par la simplicité des formules on peut voir aisément comment il faut procéder.

(1) Car nous avons vu que $''f(a + i.\omega)$ ne dépend que de $f(a + \overline{i - 1}.\omega)$ et non pas de $f(a + i.\omega)$.

Supposons que pour un temps arbitraire on ait les six éléments a^o, e^o, Ω^o, i^o, Π^o, M^o, on choisit un intervalle convenable τ, et on calcule pour les temps $t^o - \dfrac{3}{2}\tau$, $t^o - \dfrac{1}{2}\tau$, $t^o + \dfrac{1}{2}\tau$, les grandeurs suivantes, qu'il faut regarder comme données, savoir : x^o, y^o, z^o, r^o, x', y', z', r' (1).

Ensuite on calculera, au moyen des équations (A), les valeurs des forces perturbatrices, en y faisant x, y, z, égaux à x^o, y^o, z^o, et de même dans la valeur de
$$\rho^2 = (x' - x)^2 + (y' - y)^2 + (z' - z)^2.$$

En regardant les coefficients différentiels $\dfrac{d^2z}{dt^2}$, comme des fonctions de t et de τ, on est déjà très-près de la vérité si dans $f\left(t - \dfrac{1}{2}\tau\right)$ et $f\left(t + \dfrac{1}{2}\tau\right)$ on pose
$$\frac{x}{r^3} - \frac{x^o}{r^{o3}} = o,$$
ou, ce qui revient au même, si l'on néglige ξ, η, ζ. Par conséquent, par là, et au moyen de la double sommation, on a les valeurs approchées de ξ, η, ζ, pour $t + \dfrac{3}{2}\tau$. On calculera la valeur complète de $f\left(t + \dfrac{3}{2}\tau\right)$, puis l'on obtiendra, au moyen de

(1) Le calcul s'effectue au moyen des formules indiquées à la fin du mémoire.

cette dernière, la valeur de $f\left(t + \dfrac{5}{2}\,\tau\right)$, ainsi de

suite. Par là on a déjà les valeurs de ξ, η, ζ, correspon

dant à $t^o + \dfrac{1}{2}\,\tau$, $t^o + \dfrac{3}{2}\,\tau$, etc., avec une très-grande

approximation qui sera, le plus souvent, suffisante. Si l'on veut atteindre la dernière rigueur, il faut employer ces dernières valeurs de ξ, η, ζ, pour calculer x, y, z, qui paraissent dans les équations (A), en nous servant des relations

$$x'' + \xi = x, \qquad y'' + \eta = y, \qquad z'' + \zeta = z.$$

En répétant ce procédé, on en déduira une série complétement rigoureuse des valeurs de ξ, η, ζ, pour les temps $t^o + \dfrac{1}{2}\,\tau$, $t^o + \tau$, $t^o + \dfrac{3}{2}\,\tau$, etc., d'une manière analogue à ce que l'on fait avec les tables planétaires ordinaires pour obtenir les corrections des longitudes et des latitudes et des rayons vecteurs, avec cette différence que, dans les tables planétaires, ce sont les diverses combinaisons des anomalies moyennes des longitudes des deux planètes troublantes et troublées qui sont les arguments, tandis que dans nos calculs actuels c'est le temps qui est généralement l'argument.

Il y a encore une autre différence qui consiste en ce que, dans les méthodes en usage, on donne les perturbations dans l'orbite, de la longitude, de la latitude et du rayon vecteur, tandis que dans notre méthode on assigne les perturbations des coordonnées.

Cette dernière différence pourrait, sans difficulté, être mise de côté au besoin, car, à cause de la petitesse des perturbations, on peut considérer les variations comme des différentielles et se contenter, le plus souvent, du premier coefficient différentiel. Au fait, cette dernière différence n'est nullement essentielle et n'a pas besoin d'être prise ultérieurement en considération.

Comme application numérique, et pour essayer la méthode sous le rapport de la commodité, j'ai choisi les perturbations de Vesta par Jupiter depuis 1853, sept. 11, 0^h. t. m. Paris, jusqu'à 1854, mai 21, 0^h. t. m. Paris.

Les éléments de Vesta pour cette époque (1).

$$
\begin{aligned}
&L^o \quad 120^o, \quad \ 6', \quad 28'',2 \\
&M'' \ 229^o, \quad 51', \quad 50'',8 \\
&\pi'' \ 250^o, \quad 14', \quad 37'',4 \\
&\Omega^o \ 102^o, \quad 47', \quad 14'',1 \\
&i^o \qquad 7^o, \quad \ 8', \quad 26'',5 \\
&\varrho^o \qquad 5^o, \quad \ 5', \quad 43'',? \\
&\mu^o \ 977'', \quad 64529
\end{aligned}
$$

{ 1853. Sept. 11. 0^h. t. m. Paris.
  Équinoxe moyen de 1810.

On a choisi un intervalle de 42 jours.

Au moyen de ces données on trouve les coordonnées

(1) L = longit.

    M = anomalie moyenne.

    π = long. du périhélie.

    Ω = longit. du nœud asc.

    i = inclinaison de l'orbite.

    ϱ = arc dont le sinus est égal à e.

    μ = mouvement moyen diurne.

rectangulaires de Vesta ainsi que le logarithme du rayon vecteur.

0ʰ. t. m. Paris.	X⁰	Y⁰	Z⁰	Log. r⁰
1853. Août 21	— 0,77094	+ 2,59950	+ 0,02767	0,401471
— Oct. 2	— 1,16254	+ 2,20279	+ 0,08093	0,596556
— Nov. 13	— 1,51500	+ 1,95200	+ 0,15152	0,590702
— Déc. 25	— 1,81421	+ 1,59565	+ 0,17746	0,584040
1854. Fév. 5	— 2,04681	+ 1,19692	+ 0,21688	0,576756
— Mars 19	— 2,20045	+ 0,73415	+ 0,24792	0,569078
— Avril 50	— 2,28455	+ 0,28091	+ 0,26888	0,561296
— Juin 11	— 2,27168	— 0,20418	+ 0,27850	0,555744

Voici les différentes positions de Jupiter dans son orbite, rapportées à l'équinoxe moyen de 1810.

0ʰ. t. m. Paris.	Longit. de Jupiter dans son orbite.	Log. r′	
1853. Août 21	264° 47′ 16″,1	0,721467	
— Oct. 2	268 12 17 ,5	0,719948	
— Nov. 13	271 58 28 ,2	0,718709	
— Déc. 25	275 5 50 ,1	0,717455	$\Omega' = 98° 32' 22''$
1854. Fév. 5	278 54 24 ,4	0,716186	$\iota' = 1° 18' 46'',5$
— Mars 19	282 4 11 ,9	0,714911	
— Avril 50	285 55 15 ,4	0,715654	
— Juin 11	289 7 29 ,4	0,712560	

Avec ces éléments de Jupiter on déduira, au moyen de formules trigonométriques, les coordonnées rectangulaires de cette planète, et, en les combinant avec celles de Vesta, on aura la distance de ces deux planètes. On pourra ainsi former le tableau suivant :

O^h. t. m. Paris.	x'	y'	z'	Log. β.
1853. Août 21	— 0,47771	— 5,24058	+ 0,02866	0,88340
Oct. 2	— 0,16411	— 5,24489	+ 0,02157	0,87590
Nov. 13	+ 0,15002	— 5,23058	+ 0,01440	0,86654
Déc. 25	+ 0,46562	— 5,19675	+ 0,00718	0,85317
1854. Fév. 5	+ 0,77555	— 5,14411	— 0,00007	0,84165
Mars 19	+ 1,08452	— 5,07258	— 0,00752	0,82568
Avril 50	+ 1,58948	— 4,98150	— 0,00454	0,80705
Juin 11	+ 1,68919	— 4,87200	— 0,02170	0,78557

On considère la masse de Vesta comme nulle, et la masse de Jupiter est $\dfrac{1}{1053,924}$, la constante k^2 exprimée en secondes est 61″,05625.

En effet, par la loi de Kepler on a $k^2 = \dfrac{4\pi^2 a^3}{T^2}$, k étant la somme des masses du corps central et du corps attiré.

Prenons le soleil pour corps central, la terre pour corps attiré et le demi-grand axe terrestre pour unité. Dès lors $a = 1$ et $T = 365,^{\text{j.s.}}2564$, d'où

$$k^2 = \frac{4\pi^2}{(365,2564)^2} = 0,0002959151.$$

Cette expression est égale à la longueur de l'arc de 61″,05645 dans une circonférence dont le rayon est 1.

Le rapport de la masse de la terre à celle du soleil étant environ $\dfrac{1}{355000}$, la masse du soleil sera $0,000299125$ ou bien $61'',0568$, l'arc étant toujours pris sur la même circonférence dont le rayon est $a = 1$.

Nous adopterons comme unité de temps le jour moyen. Ainsi nous ferons $\omega = 42$ (1), et afin que la multiplication par ω^2, dans l'intégrale, soit faite de suite, nous multiplierons les forces (équation A), par ce facteur $\omega^2 = 1764$, d'où

$$1764\, m'k^2 = 1764 \times \frac{1}{1053,924} \times 61''03625$$
$$= 102'',4591.$$

Comme on doit exprimer les perturbations des coordonnées en secondes, on aura alors à calculer (2)

(1) On peut prendre pour unité de temps 42 jours, auquel cas $\omega = 1$, mais alors

$$T = \frac{365,2564}{42}, \quad k^2 = \frac{4\,\pi^2 \times 42^2}{(365,2564)^2},$$
$$k^2 = 42^2 \times 61'',05628 = 42^2 \times 0,000299125.$$

Cette dernière supposition rend plus intelligible le calcul de $\dfrac{dx}{dt}$ qui va suivre.

(2) Nous avons vu que $0,000299125$ était la masse du soleil quand on prenait pour unité de longueur le rayon de l'écliptique, on en déduit $0,000299125 \times 42^2 = 0,521989$. On voit que dans l'expression de $\dfrac{d^2z}{dt^2}$ il y a deux espèces d'unités : 1° l'arc de $1''$; 2° le rayon du cercle sur lequel est compté cet arc.

$$\frac{d^2\xi}{dt^2} = 102'',1591 \left\{ \frac{x' - x^0}{\rho^3} - \frac{x'}{r'^3} \right\} + \frac{0,521989}{r'^{03}}$$
$$\left\{ 3\,\frac{x^0}{r^0}\,\delta r - \xi \right\}$$

$$\frac{d^2\eta}{dt^2} = 102'',1591 \left\{ \frac{y' - y^0}{\rho^3} - \frac{y'}{r'^3} \right\} + \frac{0,521989}{r'^{03}}$$
$$\left\{ 3\,\frac{y^0}{r^0}\,\delta r - \eta \right\}$$
$$\left. \right\} \quad 3)$$

$$\frac{d^2\zeta}{dt^2} = 102''1591 \left\{ \frac{z' - z^0}{\rho^3} - \frac{z'}{r'^3} \right\} + \frac{0,521989}{r'^3}$$
$$\left\{ 3\,\frac{z^0}{r^0}\,\delta r - \zeta \right\}$$

ou
$$\delta r = \frac{x^0}{r^0}\,\xi + \frac{y^0}{r^0}\,\eta + \frac{z^0}{r^0}\,\zeta.$$

Si l'on prend l'écliptique pour plan fondamental, on trouvera les valeurs suivantes :

	P cos. QX.	P cos. QY.	P cos. QZ
1853. Août 21	+ 0″,402	+ 1″,928	— 0″,0199
Oct. 2	+ 0 ,536	+ 1 ,915	— 0 ,0295
Nov. 13	+ 0 ,521	+ 1 ,890	— 0 ,0405
Déc. 25	+ 0 ,299	+ 1 ,852	— 0 ,0525
Fév. 5	+ 0 ,298	+ 1 ,798	— 0 ,0661
Mars 19	+ 0 ,525	+ 1 ,729	— 0 ,0816
Avril 30	+ 0 ,589	+ 1 ,649	— 0 ,0991
Juin 11	+ 0 ,503	+ 1 ,555	— 0 ,1186

D'après cela , le commencement des sommations simples et doubles pour chacune des 5 valeurs (au moyen desquelles on pourra trouver une première approximation de ξ, η, ζ) est renfermé dans le tableau suivant :

$$\xi$$

	f	$'f_0$	$''f_0$
Août. 21	$+ 0'',402$	$+ 0'',002$ (1)	$+ 0'',015$ (2)
	$+ 0\ ,356$		$+ 0\ ,017$

$$\eta$$

f	$'f_0$	$''f_0$
$+ 1'',928$	$+ 0'',001$	$+ 0'',079$
$+ 1\ ,915$		$+ 0\ ,080$

$$\zeta$$

f	$'f_0$	$''f_0$
$- 0'',0199$	$+ 0'',0004$	$- 0'',0012$
$- 0\ ,0295$		$- 0\ ,0008$

Alors, au moyen de l'intégration on obtient

(1) La valeur $0'',002$ est la quantité arbitraire que nous avons désignée par $c_1 = - \dfrac{1}{24}\,(0,356 - 0,402)$, en négligeant l'autre terme qui est très-petit.

(2) Le nombre $0'',015$ est égal à la constante arbitraire c_2 que nous avons choisie égale à $\dfrac{1}{24}\,f(a + \omega) - \dfrac{17}{5760}\left\{2f'(a + \omega) + f''(a)\right\}$ ou, approximativement, égal à $-\dfrac{0'',356}{24} = + 0'',015$.

— 40 —

	ξ	η	ζ
Août. 21	$+ 0'',048$ (1)	$+ 0'',240$	$- 0'',0029$
Oct. 2	$+ 0 ,047$	$+ 0 ,240$	$- 0 ,0033$

Désignons la deuxième partie du second membre des équations (3) par $\delta d' \xi$, $\delta d' \eta$, $\delta d' \zeta$, on aura

$$\delta d' \xi = \frac{0,522}{r'^{0,5}}\left\{ 3 \frac{x''}{r''^0} \delta r - \xi \right\}, \quad \delta d' \eta = \frac{0,522}{r'^{0,5}}\left\{ 3 \frac{y_0}{r'^0} \delta r - \eta \right\},$$

$$\delta d' \zeta = \frac{0,522}{r'^{0,5}}\left\{ 3 \frac{z''}{r'^0} \delta r - \zeta \right\}$$

En substituant dans ces valeurs celles de ξ, η, ζ on trouve :

	$\delta d' \xi$	$\delta d' \eta$	$\delta d' \zeta$
Août. 21	$- 0'',008$	$+ 0'',012$	$+ 0'',0003$
Oct. 2	$- 0'',011$	$+ 0 ,009$	$+ 0 ,0007$

	ξ		
	f	$'f$	$''f$
Août. 21	$0'',394$		$+ 0'',014$
		$+ 0'',002$	
Oct. 2	$0 ,343$		$+ 0 ,016$
		$+ 0 ,347$	
Nov. 13			$+ 0 ,363$

(1) Le nombre $0'',048$ est donné par la formule d'intégration

$$\xi = {}''f (a + \omega) + \frac{1}{12} f (a) = + 0'',015 + \frac{0,402}{12} = 0'',048,$$

on a de même $0,047 = 0'',017 + \dfrac{0'',556}{12}$

	η		
	f	$'f$	$''f$
Août. 21	+ 1″,940		+ 0″,080
		+ 0′,001	
Oct. 2	+ 1,924		+ 0,081
		+ 1,925	
Nov. 13			+ 2,006

	ζ		
	f	$'f$	$''f$
Août. 21	— 0″,0196		— 0″,0012
		+ 0′,0004	
Oct. 2	— 0,0288		— 0,0008
		— 0,0284	
Nov. 13			— 0,0292

Nous adoptons pour le 13 nov. les suppositions (1)

$$\xi = + 0,403, \quad \eta = + 2,156, \quad \zeta = - 0,0324.$$

On déduit, pour la même époque,

$$\delta d^2\xi = - 0,108, \quad \delta d^2\eta = + 0,044, \quad \delta d^2\zeta = + 0,0093$$

(1) Suppositions qui peuvent se justifier ainsi : on a

$$\zeta = \zeta_0 + \left(\frac{d\zeta}{dt}\right)_0 \Delta t + \left(\frac{d^2\zeta}{dt^2}\right)_0 \Delta t^2 + \&$$

valeur qui se réduit à $\left(\dfrac{d^2\zeta}{dt^2}\right)_0 \Delta t^2 + \&$, puisqu'à l'origine du temps on a $\zeta_0 = 0$, $\left(\dfrac{d\zeta}{dt}\right) = 0$.

Or l'intervalle de temps du 11 sept. au 13 nov. étant 3 fois l'intervalle du 11 sept. au 2 oct., la valeur de ξ pour la 1re époque sera à peu près 9 fois la valeur de ξ pour la seconde époque.

En ajoutant ces valeurs à celles que nous avons trouvées pour P cos. QX, P cos. QY, P cos. QZ pour cette époque, on aura

Nov. 13 $+ 0,213$, $+ 1,934$, $+ 0,0310$

Pour avoir maintenant les valeurs de ξ, η, ζ pour le 25 déc., nous obtiendrons d'abord dans la colonne des "f les nombres

$+ 0,923$. $+ 5,865$. $- 0,0886$

De là on peut tirer les valeurs approchées de ξ, η, ζ pour le 25 décembre. En continuant ces opérations que la simplicité des formules rend extrêmement faciles et commodes, j'ai obtenu le tableau suivant qui contient des valeurs très approchées de $\dfrac{d^2\xi}{dt^2}, \dfrac{d^2\eta}{dt^2}, \dfrac{d^2\zeta}{dt^2}$.

	$\dfrac{d^2\xi}{dt^2}$	$\dfrac{d^2\eta}{dt^2}$	$\dfrac{d^2\zeta}{dt^2}$
1855 Août 21	$+ 0,594$	$+ 1'',940$	$- 0'',0196$
— Oct. 2	$+ 0,545$	$+ 1\ ,924$	$- 0\ ,0288$
— Nov. 13	$+ 0,215$	$+ 1\ ,934$	$- 0\ ,0510$
— Déc. 25	$- 0,005$	$+ 1\ ,865$	$- 0\ ,0250$
— Fév. 5	$- 0,217$	$+ 1\ ,612$	$- 0\ ,0110$
— Mars 19	$- 0,255$	$+ 1\ ,126$	$- 0\ ,0141$
— Avril 30	$+ 0,122$	$+ 0\ ,480$	$- 0\ ,0610$
— Juin 11	$+ 1,140$	$- 0\ ,049$	$- 0,\ 1855$

En comparant ces valeurs avec celles des forces per-turbatrices données ci-dessus, on verra de suite par leur différence que les quantités désignées par $\delta\,d\xi$ ont une grandeur assez notable.

— 43 —

A l'aide de quatre formules d'intégration que nous avons données plus haut, on a intégré les coefficients différentiels pour des intervalles de 21 jours. On a obtenu les valeurs de ξ, η, ζ et de leurs différentiels au moyen des nombres f. Il faut remarquer que pour les coefficients différentiels il faut employer le facteur ω et non ω'', car ces coefficients sont fournis par une intégrale première. Ainsi ces coefficients différentiels se rapportent à l'unité de 42 jours, ou, sont égaux à 42 fois le coefficient différentiel diurne.

Alors on a obtenu le tableau suivant :

	$x - x^0$	$y - y^0$	$z - z^0$
1853 Sept. 11	0',039	0'',000	0'',0000
— Oct. 2	+ 0 ,043	+ 0 ,241	— 0 ,0052
— — 23	+ 0 ,178	+ 0 ,965	— 0 ,0158
— Nov. 13	+ 0 ,381	+ 2 ,167	— 0 ,0318
— Déc. 4	+ 0 ,639	+ 3 ,856	— 0 ,0578
— — 25	+ 0 ,925	+ 6 ,020	— 0 ,0905
1854 Janv. 15	+ 1 ,206	+ 8 ,655	— 0 ,1291
— Fév. 5	+ 1 ,462	+ 11 ,725	— 0 ,1719
— — 26	+ 1 ,660	+ 15 ,200	— 0 ,2172
— Mars 19	+ 1 ,799	+ 19 ,019	— 0 ,2656
— Avril 9	+ 1 ,866	+ 25 ,125	— 0 ,3166
— — 30	+ 1 ,917	+ 27 ,427	— 0 ,3770
— Mai 21	+ 1 ,985	+ 31 ,849	— 0 ,4510

	$42\,\dfrac{d\,(x - x^0)}{dt}$	$42\,\dfrac{d\,(y - y^0)}{dt}$	$42\,\dfrac{d\,(z - z^0)}{dt}$
1853. Sept. 11.	0″,000	0″,000	0″,0000
— Oct. 2.	+ 0 ,182	+ 0 ,965	— 0 ,0155
— — 23.	+ 0 ,542	+ 1 ,925	— 0 ,0285
— Nov. 13.	+ 0 ,468	+ 2 ,894	— 0 ,0441
— Déc. 14.	+ 0 ,351	+ 3 ,856	— 0 ,0591
— — 25.	+ 0 ,576	+ 4 ,805	— 0 ,0717
1854. Janv. 15.	+ 0 ,548	+ 5 ,715	— 0 ,0819
— Févr. 5.	+ 0 ,459	+ 6 ,561	— 0 ,0885
— — 26.	+ 0 ,558	+ 7 ,516	— 0 ,0955
— Mars 19.	+ 0 ,199	+ 7 ,946	— 0 ,0984
— Avril 9.	+ 0 ,105	+ 8 ,455	— 0 ,1095
— — 30.	+ 0 ,090	+ 8 ,751	— 0 ,1509
— Mai 21.	+ 0 ,251	+ 8 ,920	— 0 ,1737

Il eût peut-être été préférable de prendre pour unité l'unité de la septième décimale, au lieu de l'arc de $1''$ compté. Si l'on choisit cette unité il faut multiplier les nombres de ce tableau par $30 \left(1 - \dfrac{1}{53}\right)\left(1 - \dfrac{1}{14000}\right)$

Afin de contrôler l'exactitude de ce résultat, je ferai usage d'un calcul des perturbations que j'ai fait autrefois par la méthode de la variation des constantes. J'avais trouvé, pour le même temps et avec les mêmes éléments, les coefficients différentiels suivants de ces éléments :

	$42\,\dfrac{di}{dt}$	$42\,\dfrac{d\Omega}{dt}$	$42\,\dfrac{d\phi}{dt}$	$42\,\dfrac{d\Pi}{dt}$	$1764\,\dfrac{d\mu}{dt}$	$42\,\dfrac{dM}{dt}$
Août 21	+ 0,186	+ 0,155	+ 0,965	+ 61,658	+ 1,26825	— 69,185
Oct. 2	+ 0,145	+ 0,515	+ 0,927	+ 68,558	+ 1,57875	— 75,111
Nov. 13	+ 0,102	+ 0,592	+ 0,084	+ 75,189	+ 1,85178	— 80,585
Déc. 25	+ 0,062	+ 0,565	+ 0,255	+ 80,559	+ 2,07071	— 84,559
Fév.	+ 0,050	+ 0,254	— 0,555	+ 83,502	+ 2,21407	— 85,921
Mars	+ 0,006	+ 0,087	— 0,980	+ 82,991	+ 2,25510	— 85,684
Avril	— 0,004	— 0,094	— 1,480	+ 78,299	+ 2,16057	— 77,184
Juin	— 0,004	— 0,257	— 1,654	+ 69,592	+ 1,89282	— 66,475

Si l'on intègre les quantités de ce tableau depuis le 11
septembre 1853 jusqu'au 21 mai 1854, et que l'on com-
bine la double intégrale $\iint \dfrac{d\mu}{dt}\,dt$ avec $\int \dfrac{dM}{dt}$ on obtient le changement suivant, intervenu dans les éléments
par les perturbations dans l'intervalle du 11 septembre
au 21 mai.

$$\Delta i = +\quad 0'',340$$
$$\Delta \Omega = +\quad 1,305$$
$$\Delta \phi = +\quad 0,975$$
$$\Delta \pi = +\ 468,420$$
$$\Delta \mu = +\quad 0,28825$$
$$\Delta M = -\ 432,275$$

Mais si l'on prend les valeurs finales des variations des
coordonnées trouvées ci-dessus, on obtient :

$$\frac{dx}{dt} = \frac{dx^0}{dt} + 0'',251, \qquad \frac{dy}{dt} = \frac{dy^0}{dt} + 8'',920,$$
$$\frac{dz}{dt} = \frac{dz^0}{dt} - 0'',1737.$$

$$x = x^0 + 1'',985, \quad y = y^0 + 31'',849, \quad z = z^0 - 0'',4510.$$

Si on en déduit les éléments qui correspondent à ces six nouvelles valeurs et qu'on calcule les changements des éléments qui proviennent de la variation des constantes, on obtient :

$$\text{Différence avec le calcul précédent.}$$

$$\Delta i = + \quad 0'',341 \quad \dots\dots\dots\dots \quad + 0'',004$$

$$\Delta \Omega = + \quad 1,295 \quad \dots\dots\dots\dots \quad - 0,010$$

$$\Delta \Phi = - \quad 0,963 \quad \dots\dots\dots\dots \quad + 0,012$$

$$\Delta \pi = + \, 468,127 \quad \dots\dots\dots\dots \quad - 0,293$$

$$\Delta \varkappa = + \quad 0,28807 \dots\dots\dots\dots \quad - 0,00018$$

$$\Delta M = - \, 451,889 \quad \dots\dots\dots\dots \quad + 0,386$$

il s'ensuit aussi :

$$\Delta L = + \quad 16,238 \quad \dots\dots\dots\dots \quad + 0,093$$

Cette coïncidence peut être regardée comme complète, les deux calculs ayant été faits d'une manière tout à fait indépendante l'un de l'autre, et dans un temps où on ne pouvait pas encore penser à les comparer. — Par conséquent quelques petites erreurs peuvent s'être glissées dans les calculs, dans l'une et l'autre méthode.

La méthode donnée ci-dessus me paraît avoir des avantages notables sur celle des *constantes arbitraires*. D'abord, à cause de la grande simplicité des formules, elle est considérablement plus courte, car elle n'exige pas le calcul de coefficients très-compliqués, et la multiplication de ces coefficients par les coefficients différentiels des éléments. Je crois même qu'elle n'exige que la moitié du temps.

En second lieu, elle donne l'amélioration immédiate

des grandeurs dont on a besoin pour le calcul des forces et fournit ainsi le moyen d'obtenir une rigueur *complète*, dont on peut, du reste, s'approcher également dans la méthode des *variations des constantes*, autant que l'exige la pratique, sans cependant pouvoir l'atteindre théoriquement.

Que les perturbations soient grandes ou petites, cela n'a aucune influence sur les applications de notre méthode. Si les perturbations sont grandes il suffit de resserrer les intervalles ; et d'ailleurs le calcul lui-même fait voir, immédiatement, s'il est nécessaire de resserrer ces intervalles ; parceque les quantités sur lesquelles on opère sont de même ordre que les perturbations. Tandis que dans la *variation des constantes*, des changements en apparence très-considérables peuvent se manifester dans les éléments, et se réduire, d'une manière surprenante, dans le calcul des éléments.

Si les perturbations deviennent tellement considérables qu'on ne puisse plus calculer $\dfrac{x}{r^3} - \dfrac{x''}{r''^3}$ par le premier terme de la série de Taylor, alors il faudra calculer immédiatement ces différences. Le seul inconvénient qui en résultera, ce sera de prendre des logarithmes avec quelques décimales de plus. Enfin, c'est un avantage de n'employer que les premières équations fondamentales, ce qui permet d'embrasser l'ensemble des opérations et de voir chacune d'elles avec clarté. Je puis donc espérer que, malgré le nombre toujours croissant des petites planètes, leurs perturbations pourront se calculer d'une manière satisfaisante.

Il faut aussi prendre en considération que les valeurs de x', y', z' restent les mêmes pour plusieurs planètes ; parce qu'il en résulte que, pour chaque nouvelle planète, il suffit de réduire son lieu en coordonnées rectangulaires, pour appliquer de suite les formules.

Je crois avoir donné maintenant tout ce qui est nécessaire pour le calcul des perturbations spéciales, à l'exception cependant de quelques artifices que chacun peut choisir comme il le juge convenable.

Si l'on voulait avoir les perturbations en coordonnées polaires, le plus simple moyen, pour cet effet, serait de calculer les variations de la longitude, de la latitude et du rayon vecteur, à l'aide des formules suivantes :

$$dL = \frac{x dy - y dx}{x^2 + y^2} = \frac{Cos.\, L.\, dy - Sin.\, L.\, dx}{r.\, Cos.\, l.}$$

$$dl = \frac{- z (x dx + y dy) + (x^2 + y^2) dz}{r\, \sqrt{(x^2 + y^2)}}$$

$$= \frac{- Cos.\, L.\, Sin.\, l.\, dx - Sin.\, L.\, Sin.\, l.\, dy + Cos.\, l.\, dz}{r}$$

$$dr = \frac{x}{r}\, dx + \frac{y}{r}\, dy + \frac{z}{r}\, dz.$$

Si l'on applique ces formules aux perturbations de Vesta, nous trouvons pour le 21 mai 1854

$$dL = -14'',4, \quad dl = -0'',1, \quad d\log.\, r = -0,0000014$$

ce qui nous montre dans quelle proportion les éléments varient avec les perturbations réelles.

Toutefois il est douteux si, sous le rapport de la commodité, ces formules sont préférables à celles qui donnent les coordonnées rectangulaires, puisque, pour obtenir L et l, il faut d'abord avoir trouvé x, y, z, ou pouvoir les fournir aisément.

Si nous posons :

$$\text{Cos. } \Omega \quad \sin. \alpha \; \text{Sin. } A \qquad \text{Sin. } \Omega \quad \sin. \beta \; \sin. B$$
$$- \text{Sin. } \Omega \cos. i \quad \sin. \alpha \; \text{Cos. } A \qquad \text{Cos. } \Omega \cos. i \quad \sin. \beta \cos. B$$
$$\text{Sin. } \Omega \sin. i \quad \cos. \alpha \qquad \qquad \text{Cos. } \Omega \sin. i \quad \cos. \beta$$

et si pour l'analogie des formules nous prenons

$$\text{Sin. } i = \sin \gamma \qquad \Pi - \Omega = C$$
$$A + \Pi - \Omega = A' \qquad B + \Pi - \Omega = B'$$

alors, en faisant usage de l'anomalie vraie v, on aura

$$x = r.\sin. \alpha.\sin. (A' + v)$$
$$y = r.\sin. \beta.\sin. (B' + v)$$
$$z = r.\sin. \gamma.\sin. (C + v),$$

formules les plus convenables pour calculer x'', y'', z''.

Voir la note (A) page 19

www.ingramcontent.com/pod-product-compliance
Lightning Source LLC
LaVergne TN
LVHW022347170726
843503LV00008B/3593